RAPPORT

SUR LES

CHAMPS DE DÉMONSTRATION

BLÉ — AVOINE

PAR

A. HOUZEAU

Directeur de la Station agronomique de la Seine-Inférieure

6ᵉ ANNÉE

BLÉ, AVOINE, BETTERAVES à SUCRE, POMMES de TERRE, LIN

ROUEN

IMPRIMERIE DE ESPÉRANCE CAGNIARD

rue Jeanne-Darc, 88

1892

MEMBRES

DE LA

COMMISSION DES CHAMPS DE DÉMONSTRATION

MM. le Préfet ;

CAURO, secrétaire général ;

LESOUEF, député ;

BRETON, député ;

HOUZEAU, directeur de la station agronomique, correspondant de l'Institut ;

FORTIER, président du Comice agricole de l'arrondissement de Rouen ;

BUREL, vice-président de la Société d'encouragement à l'agriculture de l'arrondissement du Havre ;

SAINT-REQUIER, membre de la Chambre consultative d'agriculture de l'arrondissement d'Yvetot ;

RASSET, président du Comice agricole de l'arrondissement de Neufchâtel ;

LACOINTE, président de la Société d'Agriculture de l'arrondissement de Dieppe ;

Dr BLANCHE, professeur départemental d'agriculture ;

PHILIPPE, professeur départemental d'agriculture ;

GAUTIER, professeur départemental d'agriculture ;

BORNOT, membre de la Société nationale d'encouragement à l'agriculture, propriétaire à Valmont ;

GRILLE, agriculteur, membre de la Société centrale d'agriculture ;

MULOT, propriétaire à Puys ;

BAILHACHE, cultivateur à Foucart ;

BAZANGEON, directeur de l'École pratique d'agriculture d'Aumale ;

GEULIN, cultivateur à Tourville-Fécamp ;

PRUNIER, cultivateur à Duclair ;

LEFEBVRE, propriétaire à Blosseville-Bonsecours ;

LANE, agriculteur au château de Franqueville ;

SUPPLICE, à Martigny ;

BORDEAUX, chef de division, secrétaire.

RAPPORT

SUR

LES CHAMPS DE DÉMONSTRATION

BLÉ ET AVOINE

———

Monsieur le Préfet,

J'ai l'honneur de vous faire connaître les résultats pratiques obtenus sur les champs de démonstration de la Seine-Inférieure, pendant l'année 1890-91.

Ils ont trait à la culture du blé et de l'avoine.

Cependant, le zèle et le dévouement de MM. les Professeurs départementaux ont donné à ces champs une plus grande extension; quelques-uns comprennent aussi la culture des betteraves à sucre, des pommes de terre et du lin, de sorte qu'en réalité, mon rapport de cette année comprend deux parties :

La première partie expose les résultats des *champs de démonstration* sur le blé et l'avoine.

La deuxième partie fait connaître les résultats des *champs d'expériences* pour la démonstration et relatifs à la culture de l'avoine, des betteraves à sucre, des pommes de terre et du lin.

PREMIÈRE PARTIE

CHAMPS DE DÉMONSTRATION

I

Résultats de la culture du blé

CHAMPS DE DÉMONSTRATION

Sur les deux champs de démonstration ensemencés cette année en blé, un seulement, celui de Tourville, a donné une récolte rémunératrice, c'est-à-dire que le prix de l'excédent de la récolte a bien plus que couvert le prix de l'engrais employé.

Dans celui de Duclair, la récolte a été complètement détruite par l'hiver rigoureux de 1890. Ensemencé de nouveau en février, avec du blé de printemps, il a été en déficit sur le champ témoin.

Quoiqu'il en soit, voici traduits, en argent et par hectare, le gain ou la perte de chaque champ de démonstration :

Tourville-sur-Fécamp (gain)........... 13 fr. 15
Duclair (perte)....................... 0   95

Les tableaux 1 et 2, placés à la fin du rapport, contiennent tous les détails des opérations, tandis que le tableau colorié A les résume.

ÉCOLE DÉPARTEMENTALE D'AGRICULTURE
ET STATION AGRONOMIQUE DE LA SEINE-INFÉRIEURE
Siège à Rouen, route de Caen et rue des Murs-Saint-Yon

RÉSUMÉ DE LA RÉCOLTE A L'HECTARE
Toute la récolte a été battue et pesée
BLÉ D'HIVER & DE PRINTEMPS 1890-1891
TABLEAU COMPOSÉ PAR M. HOUZEAU

	1 ARRONDISSEMENT DU HAVRE — TOURVILLE-FÉCAMP		2 ARRONDISSEMENT DE ROUEN — DUCLAIR	
	Professeur : M. PHILIPPE. — *Cultivateur :* M. GEULIN.		*Professeur :* M. PHILIPPE. — *Cultivateur :* M. PRUNIER.	
	CHAMP DE DÉMONSTRATION	CHAMP TÉMOIN	CHAMP DE DÉMONSTRATION	CHAMP TÉMOIN
	Blé sur colza avec engrais chimiques	Blé sur colza culture ordinaire sans engrais chimiques.	Blé sur colza avec engrais chimiques.	Blé sur colza culture ordinaire sans engrais chimiques.
Nom de la semence	Blé de Bordeaux	Blé de Bordeaux	Blé de Noé	Blé de Noé
Poids employé et son prix	200 kil. — 60 fr	200 kil. — 60 fr »	200 kil. — 72 fr	300 kil. — 72 fr. »
Nombre d'hectolitres de grain obtenu	20 hect	[illegible] hect	31 hect	27 hect 5
Poids de l'hectolitre	78 kil.	[illegible] kil.	76 kil.	76 kil.
PRODUIT TOTAL.				
Paille et balles à raison de 58 fr. les 1.000 k.	5.604 kil. — Valeur argent 324 fr. 90	[illegible] kil. — Valeur argent 275 fr. 86	5.531 kil. — Valeur argent 320 fr. 80	5.264 kil. — Valeur argent 305 fr. 30
Grain net à raison de 26 fr. les 100 k.	1.572 — 408 . 70	337 — 352 . 80	2.344 — 608 . 65	2.074 — 539 . 25
VALEUR TOTALE.	733 . 60	628 fr. 60	929 fr. 45	844 fr. 55
à diminuer les frais d'engrais, d'épandage, de récolte et divers (1).	91 . 85		85 . 85	
Produit net du Champ de Démonstration	641 fr. 75		843 fr. 60	843 . 60
Produit du Champ Témoin	628 . 60			844 . 55
d'où excédent en faveur du Champ, par hectare	Excéd. dém. — 13 fr. 15		Excéd. témoin — 0 fr. 95	

(1) FRAIS OU DÉPENSES POUR LES ENGRAIS CHIMIQUES EMPLOYÉS.	kil.	fr.	kil.	fr.	kil.	fr.
Sulfate d'ammoniaque						
Nitrate de soude.	100	23 . »			500	43 . 15
Superphosphate de chaux.	300	27 . »				
Phosphate fossile.					100	26 . »
Sels de potasse.	100	24 . »				
Plâtre.						
Engrais divers.		11 . 10				43 . 50
Frais de transport, d'intérêt, de mélange et divers.						
(Voir les détails aux tableaux spéciaux)		85 fr. 10		fr.		84 fr. 65

CONCLUSIONS

Les faibles excédents de récolte obtenus dans les champs de démonstration sont dus principalement à l'hiver rigoureux et au printemps pluvieux de cette année qui ont produit dans les récoltes de nombreux vides.

OBSERVATIONS. — L'importance des bonis et des pertes signalés dans le tableau n'est pas absolue. A la place des prix (paille et grain) indiqués par les praticiens de la Commission des champs de démonstration, prix pouvant varier suivant les époques et la région, il est toujours possible au cultivateur désirant se rendre compte de l'importance de ces bonis et pertes, de substituer à ces chiffres ceux qu'il croira mieux répondre aux exigences commerciales de sa culture et de sa situation personnelle.

1891. — RÉSULTATS DE LA CULTURE DE L'AVOINE RAPPORTÉS A L'HECTARE

Tableau B.

	ARRONDISSEMENT D'YVETOT				ARRONDISSEMENT DE NEUFCHATEL			
	FOUCART — Professeur : M. Houzeau. Cultivateur : M. Bailhache.				MONTÉROLLIER — Professeur : M. Blanche. Cultivateur : M. Basset.			
	AVOINE NOIRE DE TARTARIE SUR BLÉ				AVOINE DE COULOMMIERS SUR SAINFOIN			
	CHAMP DE DEMONSTRATION avec engrais chimiques sur 1/2 Hectare		CHAMP TÉMOIN sans engrais sur 1/2 Hectare		CHAMP DE DEMONSTRATION avec engrais chimiques sur 1 Hectare		CHAMP TÉMOIN sans engrais sur 1 Hectare	
Poids et prix de la semence employée	280 kil. à la volée.	80 fr. »	280 kil. à la volée.	80 fr. »	120 kil. au semoir.	28 fr. »	120 kil. au semoir.	28 fr. »
Paille et balles, à 38 fr. les 1.000 kil.	6.036 kil.	229 fr. 40	3.963 kil.	150 fr. 60	4.920 kil.	186 fr. 07	3.382 kil.	128 fr. 50
Grain, à 15 fr. les 100 kil.	4026 k.—79 h. de 51 k.	603 90	2692 k.—52 h.7 de 51 k.	403 80	3399 k.—65 h. de 52 k.	509 85	2193 k.—43 h de 51 k.	328 95
VALEUR TOTALE de la récolte		833 fr. 30		554 fr. 40		695 fr. 90		457 fr. 43
Sulfate d'ammoniaque, à 20.5 % d'azote					73 kil.	25 »		
Nitrate de soude, à 15.5 % d'azote	270 kil	59 50			150	39 »		
Superphosphate de chaux, à 16 % d'acide phosphorique soluble	200	18 50			194	37 »		
Chlorure de potassium, à 50 % de Potasse	100	23 »			125	28 75		
Plâtre					200	6 »		
Sulfate de magnésie					25	3 50		
Frais divers, transport, main-d'œuvre, intérêt, etc.		21 35				26 10		
DÉPENSE TOTALE		122 fr. 35				185 fr. 65		
CONCLUSION : RÉSULTATS ÉCONOMIQUES DE LA CULTURE								
Produit net du champ de démonstration (valeur de la récolte diminuée du prix de l'engrais et des frais)		710 95				730 25		
Produit du champ témoin		554 40				457 45		
EXCÉDENT en faveur du Champ de démonstration, par hectare		156 fr. 55				72 fr. 80		

II

Résultats de la culture de l'avoine

CHAMPS DE DÉMONSTRATION

La culture de l'avoine comprend en tout quatre champs, dont la récolte a été pesée : deux champs témoins et deux champs de démonstration.

Les détails sont consignés dans les tableaux 3 et 4 annexés à la fin du rapport, et résumés dans le tableau B ci-joint.

Les deux champs de démonstration ont produit un excédent sur les champs témoins. Ces résultats établissent que :

1° A Foucart, en dépensant 122 fr. en plus sur le champ de démonstration, on a porté la recette de 554 fr. du champ témoin à 833 fr., soit un boni net de 157 fr., c'est-à-dire 128 % du capital avancé;

2° A Montérolier, en dépensant 166 fr. en plus sur le champ de démonstration, on a porté la recette de 457 fr. du champ témoin à 696 fr., soit un boni net de 73 fr., c'est-à-dire 44 % du capital avancé.

DEUXIÈME PARTIE

CHAMPS D'EXPÉRIENCES

I

Résultats de la culture de l'avoine avec la même semence et les mêmes engrais chimiques.

CHAMPS D'EXPÉRIENCES

Les essais ont été entrepris à Foucart, à La Neuville et à Duclair, en vue de contrôler les résultats obtenus, en 1890, par M. Bailhache, sur la ferme de Foucart, où, avec une dépense de 117 fr. 10 en engrais chimiques, on avait obtenu un excédent de récolte de 181 fr. en faveur du champ de démonstration.

Chaque champ d'expérience de 1/2 hectare a été cultivé avec la même semence (avoine noire de Tartarie) et les mêmes engrais chimiques, le tout employé à la même dose qu'en 1890, à Foucart.

Un champ témoin, sans engrais chimiques, a été réservé à côté de chaque champ d'expérience.

Les résultats obtenus à Foucart ont confirmé ceux

de l'année précédente (1); mais il n'en a pas été de même à La Neuville, où le champ d'expérience a été en perte de 47 fr. sur le champ témoin, et à Duclair, où le boni ne s'est élevé seulement qu'à 19 fr. par hectare. Ces deux champs ont, en effet, souffert de très bonne heure de la verse, alors que celui de Foucart a été respecté.

Les résultats généraux de l'expérience sont consignés dans le tableau C.

(1) A cette occasion, je remercie M. Nay de Mézence, élève de l'Institut agronomique de Paris, pour le concours intelligent et plein de zèle qu'il nous a encore apporté cette année, dans la surveillance et la vérification des pesées faites au champ de démonstration de Foucart.

1891. — Champs d'expérience de FOUCART, LA NEUVILLE et DUCLAIR. — Professeur : M. HOUZEAU.

CULTURE DE L'AVOINE NOIRE DE TARTARIE SUR BLÉ, avec les mêmes Engrais chimiques

(Chaque parcelle mesure 30 ares.)

RÉSULTATS RAPPORTÉS A L'HECTARE : Semence employée : 280 kilog.

Composition et prix de l'Engrais chimique employé sur les Champs d'Expérience, par hectare :

Nitrate de soude, à 15.5 % d'azote	200 kil. —	62 fr. 50
Superphosphate de chaux, à 15 % d'acide phosphorique soluble	200 —	19 50
Chlorure de potassium, à 50 % de potasse	100 —	23 »
Frais de transport, d'épandage, d'intérêt, etc.		12 50
TOTAL		117 fr. 50

RÉCOLTE :	FOUCART — Cultivateur : M. BAILLACHE		LA-NEUVILLE — Cultivateur : M. LANE		DUCLAIR — Cultivateur : M. PRUNIER	
	CHAMP D'EXPÉRIENCE avec engrais chimiques	CHAMP TÉMOIN sans engrais	CHAMP D'EXPÉRIENCE avec engrais chimiques	CHAMP TÉMOIN sans engrais	CHAMP D'EXPÉRIENCE avec engrais chimiques	CHAMP TÉMOIN sans engrais
Paille et Balles, à 38 fr. les 1000 kilog	6836 kil. — 229 fr. 10	3964 kil. — 150 fr. 60	4860 kil. — 185 fr. 70	5798 kil. — 111 fr. 30	4900 kil. — 186 fr. 55	2989 kil. — 113 fr. 60
Grain, à 15 fr. les 100 kil	4026 k. = 79 h. de 51 kil. — 603 90	2692 k. = 52 h. 7 de 51 k. — 403 80	2094 k. = 41 h. 6 de 51 k. — 313 18	1884 k. = 37 h. 7 de 50 k. — 282 60	2519 k. = 49 h. 1 de 51 k. — 377 85	2071 k. = 40 h. 6 de 51 k. — 310 65
Valeur de la récolte	833 fr. 30	554 fr. 40	498 fr. 80	426 90	564 fr. 40	424 fr. 25
A diminuer dépense totale en engrais, frais supplémentaires de récolte, et divers	122 35		119 40		121 »	
Produit net du Champ d'Expérience	710 fr. 95		379 fr. 40		443 fr. 40	
Produit du Champ Témoin	553 40		426 90		424 25	
Gain ou perte	156 fr. 55 Gain		47 fr. 50 Perte		19 fr. 15 Gain	

L'avoine n'a pas versé.

L'avoine a complètement versé dans les deux champs au moment de l'épiage.

L'avoine a versé dans les deux champs au moment de la floraison.

II

Résultats de la culture de la betterave à sucre avec le même engrais et des variétés différentes de semence.

CHAMPS D'EXPÉRIENCE

L'essai fait dans la ferme d'Envermeu, par M. Gautier, professeur départemental, et M. Breton, agriculteur, a été entrepris en vue de rechercher quelle est, parmi les nombreuses variétés de semence de betteraves à sucre recommandées, celle qui, pour le sol et le climat de la région, peut fournir le plus grand rendement par hectare et la plus haute densité.

L'ensemencement des treize variétés destinées à être comparées, a eu lieu le 30 avril 1891, sur un champ de colza détruit par l'hiver et qui avait reçu pour cette culture 30,000 kil. de fumier avant l'hiver.

Au moment des semailles des betteraves, on a épandu par hectare :

200 kil. de nitrate de soude, à 15,5 % d'azote ;

400 kil. de superphosphate, à 13 % d'acide phosphorique soluble ;

100 kil. de chlorure de potassium, à 50 % de potasse.

La récolte a été faite le 15 octobre et un échantillon de chaque variété de betterave cultivée a été envoyé à la station agronomique, où l'on a déterminé la densité.

Voici les résultats obtenus par hectare :

NOMS DES VARIÉTÉS.	POIDS DE LA RÉCOLTE	DENSITÉ A + 15°
BLANCHE à sucre allemande	63.750 kil.	1060
— demi-sucrière	58.125	1053
— à sucre collet gris	55.625	1048
— — rose hâtive	51.975	1045
— — Klein-Wanzleben	51.250	1058
— — améliorée Vilmorin	50.625	1069
— — collet vert	47.500	1053
— — impériale vraie	44.375	1061
— — électorale..............	43.750	1057
— — sucrerie d'Auffay........	43.750	1057
— — Brabant	42.500	1057
JAUNE à sucre	40.000	1055
BLANCHE française riche..................	38.750	1067

Il résulte de ces expériences, que c'est la race allemande qui a produit le plus grand rendement (63,750 kil.) avec une densité de 1,060, tandis que la variété fournie par la sucrerie n'a donné que 43,750 kil. de betteraves, avec une densité de 1,057.

III

Résultats de la culture des pommes de terre

CHAMPS D'EXPÉRIENCE

M. Houzeau, professeur départemental, et M. Lefebvre, cultivateur, ont entrepris, cette année, la culture des pommes de terre sur la ferme de Grand-Quevilly.

Les pommes de terre (institut de Beauvais) ont été ensemencées le 11 avril, à raison de 3,000 kil. de tubercules par hectare, sur une terre qui avait porté précédemment une récolte de Ray-grass.

La culture a été faite sur deux champs de 1 hectare chacun. Un des champs devant servir de témoin, n'a reçu ni fumier, ni engrais chimiques ; tandis que dans l'autre, on a épandu par hectare, avant l'ensemencement :

Sulfate d'ammoniaque, à 20,5 % d'azote..........	100 kil.	=	34 fr.	50
Nitrate de soude, à 15 % d'azote	100	=	25	»
Phosphate fossile, à 16 % d'acide phosphorique total.	600	=	30	»
Chlorure de potassium, à 50 % de potasse.........	200	=	46	60
Plâtre	400	=	12	»

Total de la dépense en engrais chimiques.... 148 fr. 10

Les frais d'épandage, intérêt, main-d'œuvre supplémentaire de la récolte, etc., s'élevant à.............................. 75 10

on a une dépense totale, par hectare, de..................... 223 fr. 20

Voici les résultats obtenus par hectare :

	Tubercules	Valeur
Champ d'expérience, avec engrais chimiques...............	22.130 k. à 6 fr. 75 les 100 k. =	1.494 fr. »
Champ témoin, sans engrais...	14.700 6 » =	882 »
Soit en faveur du champ ayant reçu des engrais chimiques, un excédent de récolte de......	7.430 k., d'une valeur de......	612 fr. »
A diminuer dépense totale en engrais chimiques et frais divers...		223 20.
D'où un boni réel, par hectare, en faveur du champ d'expérience, avec engrais chimiques...........................		388 fr. 80

Les tubercules du champ d'expérience étaient, en outre, bien plus volumineux que ceux du champ témoin. On les a estimés à 6 fr. 75 les 100 kil., alors que la valeur marchande des tubercules du champ témoin, n'a été que de 6 fr. les 100 kil.

Le gain obtenu a donc été produit, en outre de l'excédent de rendement, par la qualité de la récolte, due à l'emploi des engrais chimiques.

IV

Résultats de la culture du lin

CHAMPS D'EXPÉRIENCE

Les expériences faites dans le canton de Goderville, avec le concours dévoué de MM. Robert, Lacorne, Lhommet, d'une part, et de MM. Palfray et Auber, instituteurs, d'autre part, ont été entreprises en vue d'éclairer les cultivateurs de la région, qui se livrent à cette culture, sur les meilleures formules d'engrais et les variétés de semence les plus recommandables à employer pour obtenir de grands rendements.

Les résultats de ces expériences sont résumés dans les tableaux ci-après.

1891. — Champ d'expérience de GODERVILLE. — Cultivateur : M. Lacorne. — Professeur : M. Houzeau.

CULTURE DU LIN SUR BLÉ, fumé à raison de 30,000 kilog. de fumier par hectare, en 1889

Influence de la variété de semence

Chaque parcelle mesure 50 ares. — Épandage de l'engrais et ensemencement : 1er avril. — Quantité de semence employée par hectare : 90 kil.

Composition et prix de l'engrais employé par hectare, sur les 3 champs de Lin :

Nitrate de potasse à 14 %/₀ d'azote et 46 %/₀ de potasse	66 kil.	30 fr.
Sulfate d'ammoniaque, à 20 %/₀ d'azote	100	30
Superphosphate, à 16 %/₀ d'acide phosphorique soluble	270	27
Sulfate de potasse, à 48 %/₀ de potasse	86	23
Sulfate de magnésie, à 30 %/₀ de magnésie	100	13
Sel marin	115	3
Plâtre	100	2
Total de la dépense en engrais chimiques		128 fr.

NOMS DES VARIÉTÉS DE LIN	RÉCOLTE par hectare (Tiges et graines)	Prix du kilog. de LIN en tiges vendu à raison de 110 kil. pour 100 kil.	Prix réel du kilog. de LIN en tiges	VALEUR TOTALE de la RÉCOLTE
Graine de Pskow (Russie)	7840 kilog.	0 fr. 14	0 fr. 13	1019 fr.
Id. de Riga extra puick	7280 —	0 13	0 12	874
Id. d'Irlande	7440 —	0 12	0 11	818

1891. — AUBERVILLE-LA-RENAULT. — Champ d'expérience de M. Auber, Instituteur. — Directeur : M. Robert.

CULTURE DU LIN SUR BLÉ fumé, après Trèfle récolté et pâturé

Influence de la variété de semence et des engrais chimiques

Chaque parcelle mesure 10 ares. — Epandage de l'engrais et ensemencement : 9 avril. — Quantité de semence employée par hectare : 200 kil.

Composition et prix de l'engrais employé par hectare sur les 3 variétés de Lin :

Nitrate de potasse, à 14 % d'azote et 46 % de potasse	100 kil.	45 fr.
Sulfate d'ammoniaque, à 20 % d'azote	80	24
Superphosphate, à 16 % d'acide phosphorique soluble	400	40
Sulfate de potasse, à 48 % de potasse	80	21
Sulfate de magnésie, à 30 % de magnésie	100	13
Sel marin	100	2 50
Plâtre	140	3
Total de la dépense en engrais chimiques		148 fr. 50

NOMS DES VARIÉTÉS DE LIN	RÉCOLTE par hectare (Tiges et graines)	Prix du kilog. de LIN en tiges vendu à raison de 110 kil. pour 100 kil.	Prix réel du kilog. de Lin en tiges	VALEUR TOTALE de la RÉCOLTE
Graine de Riga (avec engrais chimiques)	7600 kilog.	0 fr. 13	0 fr. 12	912 fr.
Id. d'Irlande (id.)	7350 —	0 12	0 11	808 50
Id. de pays (id.)	7500 —	0 12	0 11	825
Id. de pays (sans engrais chimiques)	5500 —	0 10	0 09	495

1891. — GODERVILLE. — Champ d'expérience de M. Palfray, instituteur. — Directeur : M. Robert.

CULTURE DU LIN DE RIGA, sur Blé fumé, après Trèfle récolté et pâturé

Influence des Engrais chimiques

Chaque parcelle mesure 10 ares. — Épandage de l'engrais et ensemencement : 1er avril. — Quantité de semence employée par hectare : 190 kil.

Composition et prix de l'engrais employé par hectare sur le Champ d'Expérience :

Nitrate de potasse, à 14 %/₀ d'azote et 46 %/₀ de potasse.....................	50 kil.	22 fr. 50
Sulfate d'ammoniaque, à 20 %/₀ d'azote...........................	50	15
Sang desséché, à 12 %/₀ d'azote...........................	100	24
Superphosphate, à 16 %/₀ d'acide phosphorique soluble.....................	400	40
Sulfate de potasse, à 48 %/₀ de potasse.....................	50	13
Sulfate de magnésie...........................	100	13
Sel marin...........................	100	2 . 50
Plâtre.....................	150	3
TOTAL de la dépense en engrais chimiques		133 fr. »

	RÉCOLTE par hectare (Tiges et graines)	Prix du kilog. de LIN en tiges vendu à raison de 110 kil. pour 100 kil.	Prix réel du kilog. de LIN en tiges	VALEUR TOTALE de la RÉCOLTE
Champ d'Expérience, avec engrais chimiques........	7000 kilog.	0 fr. 13	0 fr. 12	**840 fr.**
Champ Témoin, sans engrais chimiques...........	4500 —	0 09	0 08	360

1891. — AUBERVILLE-LA-RENAULT. — Champ d'expérience de M. Lhommet. — Directeur : M. Robert.

Influence de l'Assolement et des Engrais chimiques

CULTURE DU LIN DE RIGA : 1º sur LIN; — 2º sur BLÉ succédant au Trèfle.

Chaque parcelle mesure 50 ares. — Épandage de l'engrais et ensemencement : 8 avril

Résultats rapportés à l'hectare. — Semence employée : 180 kil.

ENGRAIS EMPLOYÉS	LIN de RIGA sur LIN		LIN de RIGA sur BLÉ (1)	
Nitrate de potasse, à 14 % d'azote et 46 % de potasse	70 kil.	31 fr. 50	60 kil.	27 fr. »
Sulfate d'ammoniaque, à 20 % d'azote	100	30 »	70	21 »
Superphosphate, à 16 % d'acide phosphorique soluble	400	40 »	300	30 »
Sulfate de potasse, à 48 % de potasse	100	26 »	80	21 »
Sel marin	100	2 50	100	2 50
Sulfate de magnésie, à 33 % de magnésie	100	13 »	100	13 »
Plâtre	130	2 60	90	1 80
TOTAL de la dépense en engrais chimiques		145 fr. 60		116 fr. 30
Poids de la récolte (tiges et graines)	7000 kil.		7400 kil.	
Prix du kilogramme de lin en tiges, vendu à raison de 110 kilog. pour 100 kilog.	0 fr. 13		0 fr. 12	
Prix réel du kilogramme de lin en tiges	0 12		0 11	
Valeur totale de la récolte	**840 fr.**		**814 fr.**	

(1) Les doses d'engrais ont été un peu réduites dans la parcelle de lin succédant au blé, à cause des éléments fertilisants laissés dans le sol par cette dernière culture.

En outre des expériences précédentes, il a été entrepris des essais sur l'influence de la magnésie ajoutée aux engrais; mais les résultats obtenus demandent à être confirmés.

Avant de prendre des conclusions générales, il est utile d'attendre la vérification des faits qui viennent d'être relatés et pour lesquels, je m'empresse de le reconnaître, M. Robert, de Goderville, a bien voulu nous prêter le concours de sa très haute compétence.

En terminant, je me fais un devoir de vous signaler, Monsieur le Préfet, la coopération active de MM. Rasset, Bailhache, Breton, Geulin, Lane, Lefebvre, Prunier, Robert, Lacorne, Lhommet, Palfray et Auber, à l'œuvre des champs de démonstration. Leur concours nous a été des plus utiles. Au nom des professeurs de l'école départementale, je leur exprime mes remercîments.

Veuillez agréer, Monsieur le Préfet, l'assurance de mon respect.

Le Directeur de la station agronomique,
membre correspondant de l'Institut,

A. HOUZEAU.

Rouen, le 20 janvier 1892.

Post-scriptum. — Je joins à titre d'annexes pour être consultés à l'occasion, et afin que chaque auteur conserve la responsabilité de son œuvre, les tableaux complets qui contiennent les détails des champs de démonstration de chaque arrondissement, et tels qu'ils ont été remplis par MM. les Professeurs départementaux.

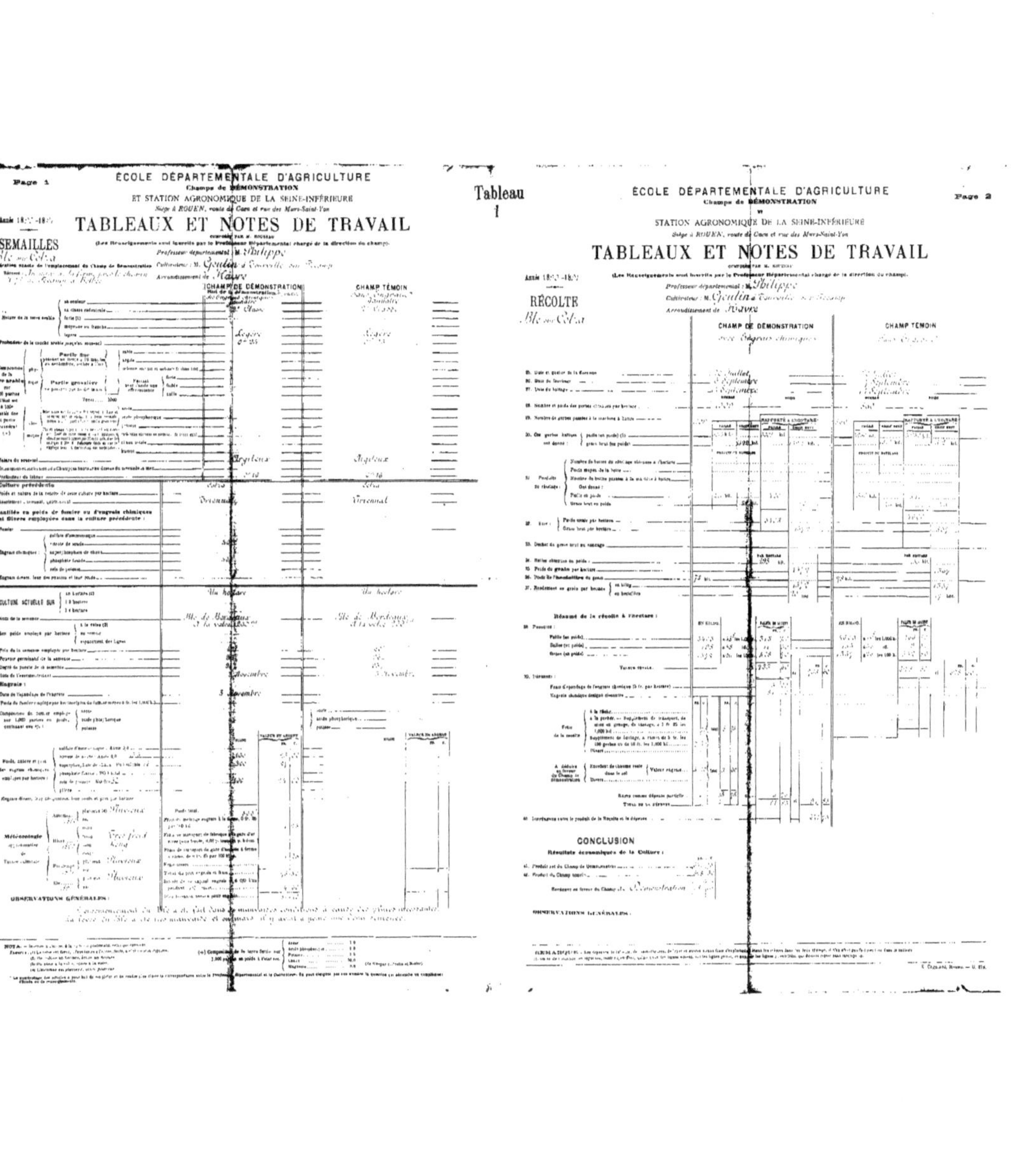

ÉCOLE DÉPARTEMENTALE D'AGRICULTURE
Champs de DÉMONSTRATION
ET STATION AGRONOMIQUE DE LA SEINE-INFÉRIEURE
Siège à ROUEN, route du Caen et rue des Murs-Saint-Yon

TABLEAUX ET NOTES DE TRAVAIL

(Les Renseignements sont inscrits par le Professeur départemental chargé de la direction du champ.)

Professeur départemental : M. Philippe
Cultivateur : M. Goulin à Tourville-sur-Pont-Audemer
Arrondissement de Havre

SEMAILLES

	CHAMP DE DÉMONSTRATION	CHAMP TÉMOIN

...

CULTURE ACTUELLE SUR

OBSERVATIONS GÉNÉRALES :

Tableau 1

ÉCOLE DÉPARTEMENTALE D'AGRICULTURE
Champs de DÉMONSTRATION
STATION AGRONOMIQUE DE LA SEINE-INFÉRIEURE
Siège à ROUEN, route de Caen et rue des Murs-Saint-Yon

TABLEAUX ET NOTES DE TRAVAIL

(Les Renseignements sont inscrits par le Professeur départemental chargé de la direction du champ.)

Professeur départemental : M. Philippe
Cultivateur : M. Goulin à Tourville-sur-Pont-Audemer
Arrondissement de Havre

RÉCOLTE

	CHAMP DE DÉMONSTRATION	CHAMP TÉMOIN

...

CONCLUSION
Résultats économiques de la Culture :

OBSERVATIONS GÉNÉRALES :

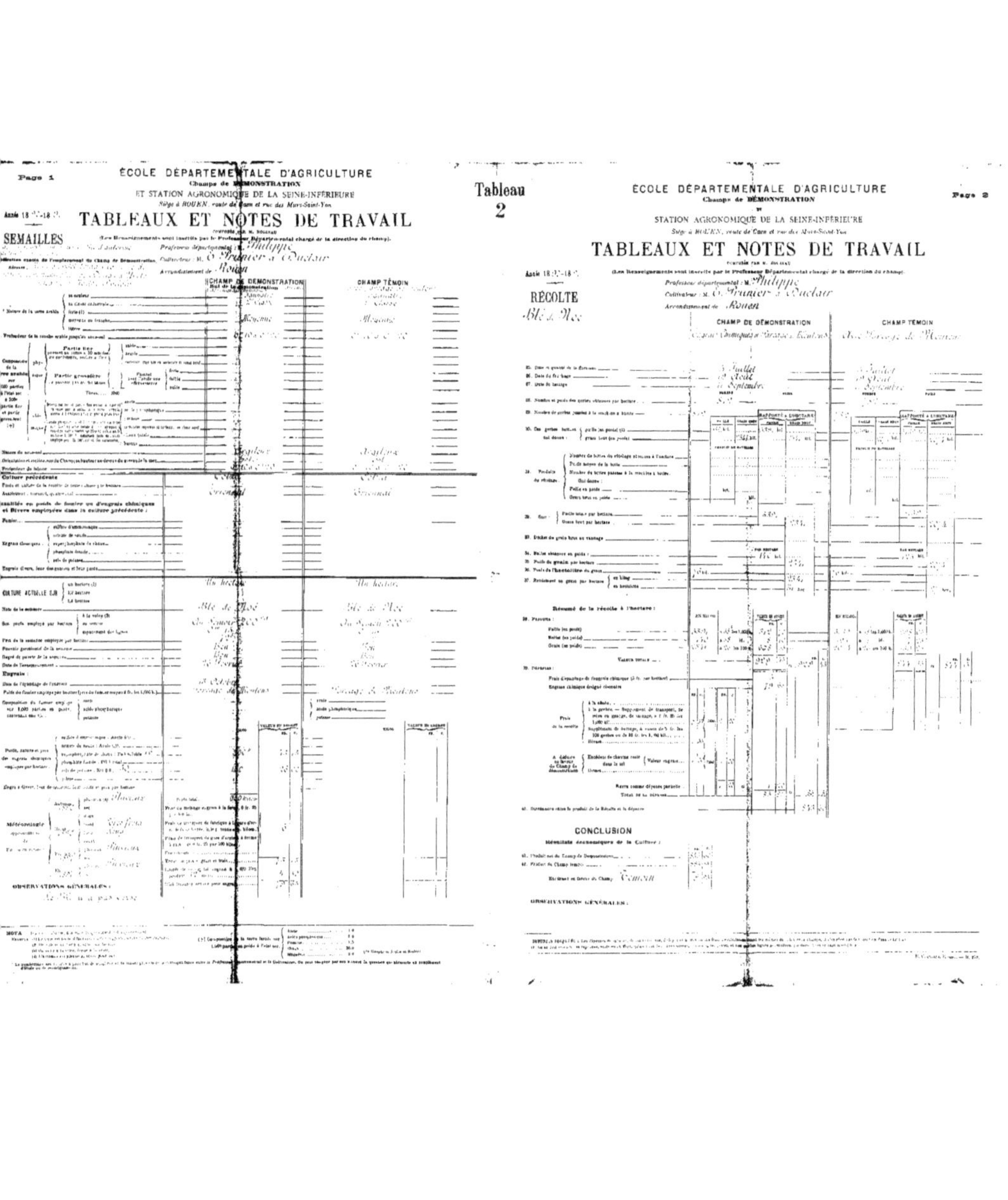

Page 1

ÉCOLE DÉPARTEMENTALE D'AGRICULTURE
Champs de DÉMONSTRATION
ET STATION AGRONOMIQUE DE LA SEINE-INFÉRIEURE
Siège à ROUEN, route de Caen et rue des Murs-Saint-Yon

TABLEAUX ET NOTES DE TRAVAIL
(Les Renseignements sont inscrits par le Professeur Départemental chargé de la direction du champ).
Professeur départemental : M. Philippe
Cultivateur : M. O. Prunier à Duclair
Arrondissement de Rouen

SEMAILLES

CHAMP DE DÉMONSTRATION
CHAMP TÉMOIN

OBSERVATIONS GÉNÉRALES :

Tableau 2

ÉCOLE DÉPARTEMENTALE D'AGRICULTURE
Champs de DÉMONSTRATION
et
STATION AGRONOMIQUE DE LA SEINE-INFÉRIEURE
Siège à ROUEN, route de Caen et rue des Murs-Saint-Yon

TABLEAUX ET NOTES DE TRAVAIL
(Les Renseignements sont inscrits par le Professeur Départemental chargé de la direction du champ).
Professeur départemental : M. Philippe
Cultivateur : M. O. Prunier à Duclair
Arrondissement de Rouen

Page 2

RÉCOLTE
Blé de Noé

CHAMP DE DÉMONSTRATION
CHAMP TÉMOIN

Résumé de la récolte à l'hectare :

CONCLUSION
Résultats économiques de la Culture :

OBSERVATIONS GÉNÉRALES :

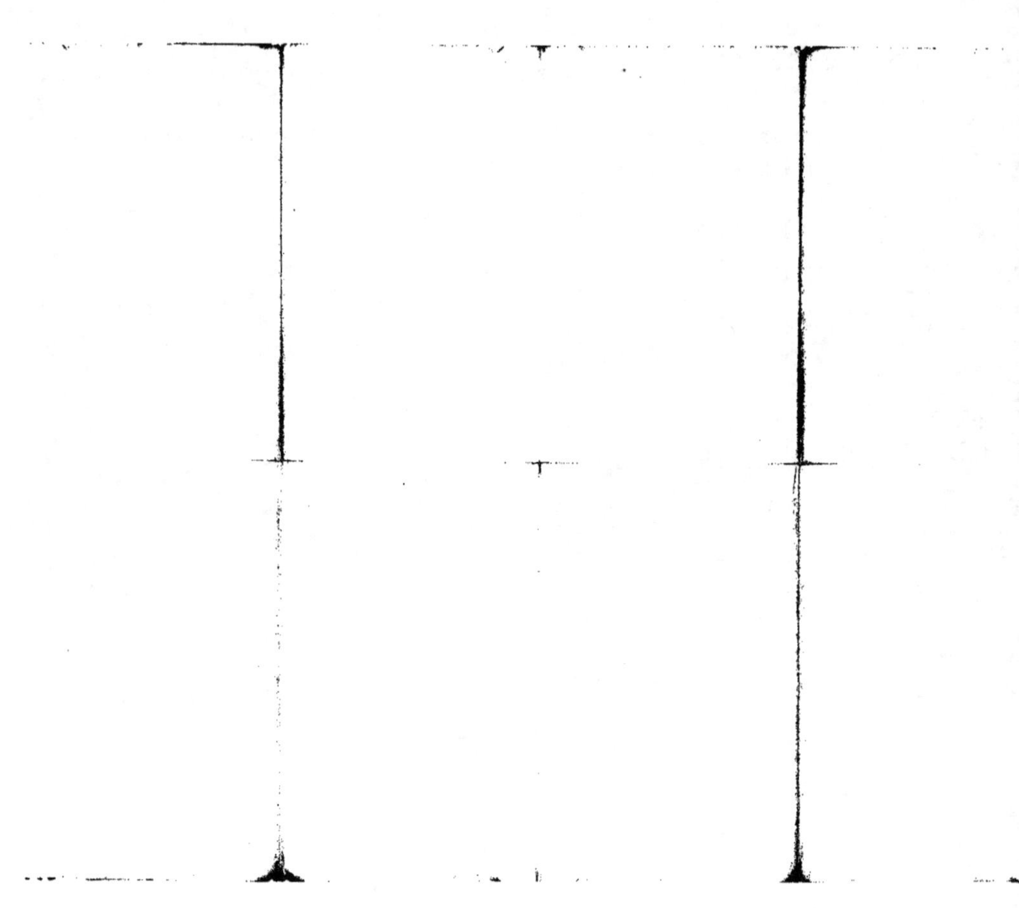

ÉCOLE DÉPARTEMENTALE D'AGRICULTURE
Champ de DÉMONSTRATION
ET STATION AGRONOMIQUE DE LA SEINE-INFÉRIEURE
Siège à ROUEN, route de Darnétal et rue des Murs-Saint-Yon

TABLEAUX ET NOTES DE TRAVAIL

(Les Renseignements sont inscrits par le Professeur Départemental chargé de la direction du champ).

SEMAILLES

Professeur départemental : M. Houzeau
Cultivateur : M. Bailluche à Foucart
Arrondissement de Yvetot

	CHAMP DÉMONSTRATION	CHAMP TÉMOIN

ÉCOLE DÉPARTEMENTALE D'AGRICULTURE
Champ de DÉMONSTRATION
STATION AGRONOMIQUE DE LA SEINE-INFÉRIEURE
Siège à ROUEN, route de Darnétal et rue des Murs-Saint-Yon

TABLEAUX ET NOTES DE TRAVAIL

(Les Renseignements sont inscrits par le Professeur Départemental chargé de la direction du champ).

RÉCOLTE

Professeur départemental : M. Houzeau
Cultivateur : M. Bailluche à Foucart
Arrondissement de Yvetot

	CHAMP DÉMONSTRATION	CHAMP TÉMOIN

CONCLUSION

Résultats économiques de la Culture :

OBSERVATIONS GÉNÉRALES :

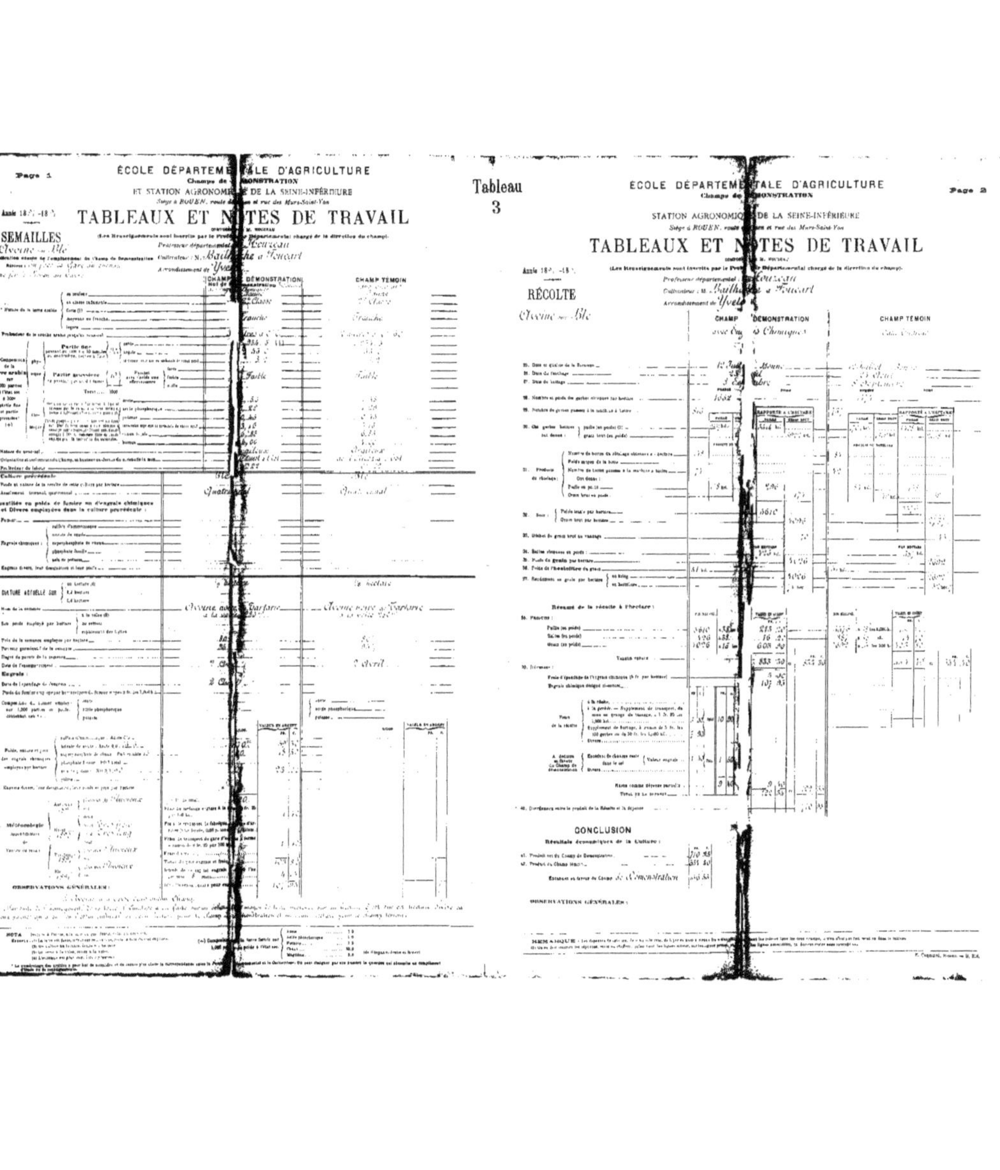

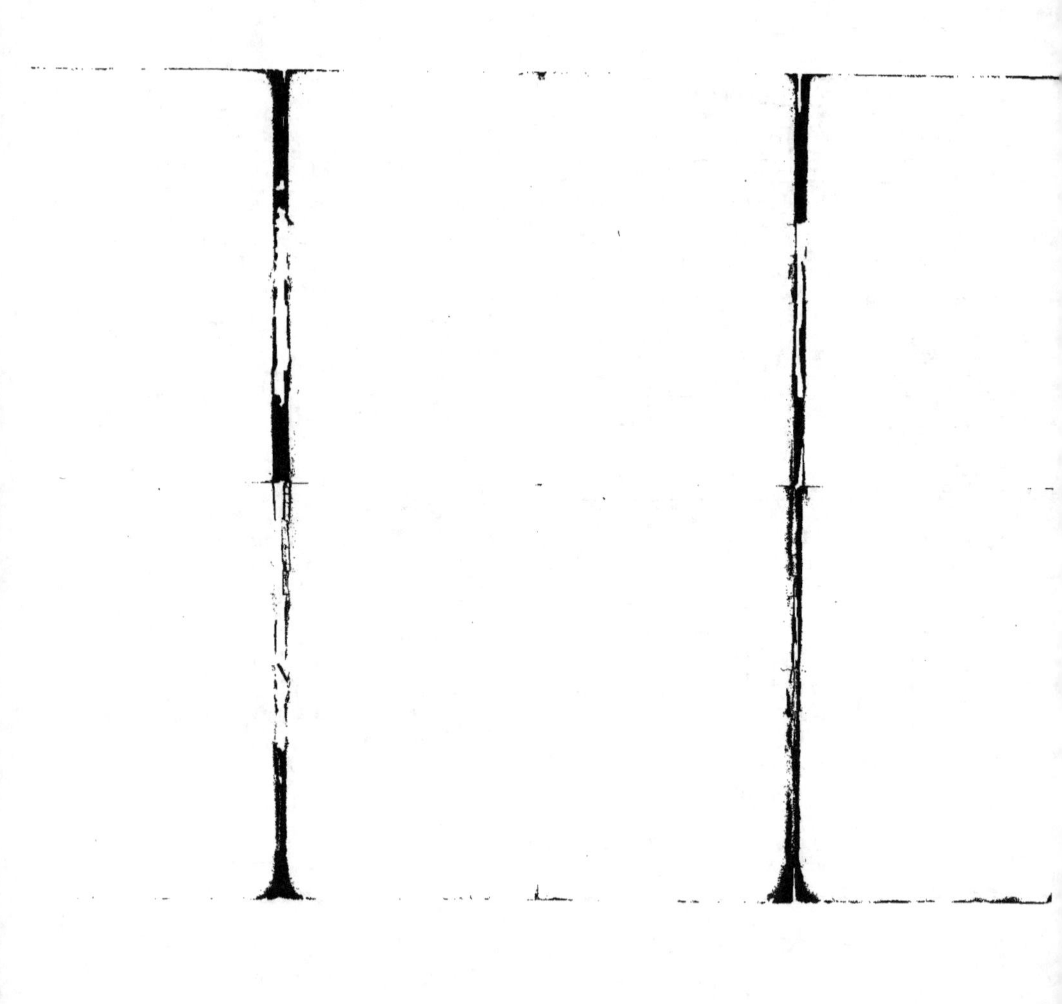

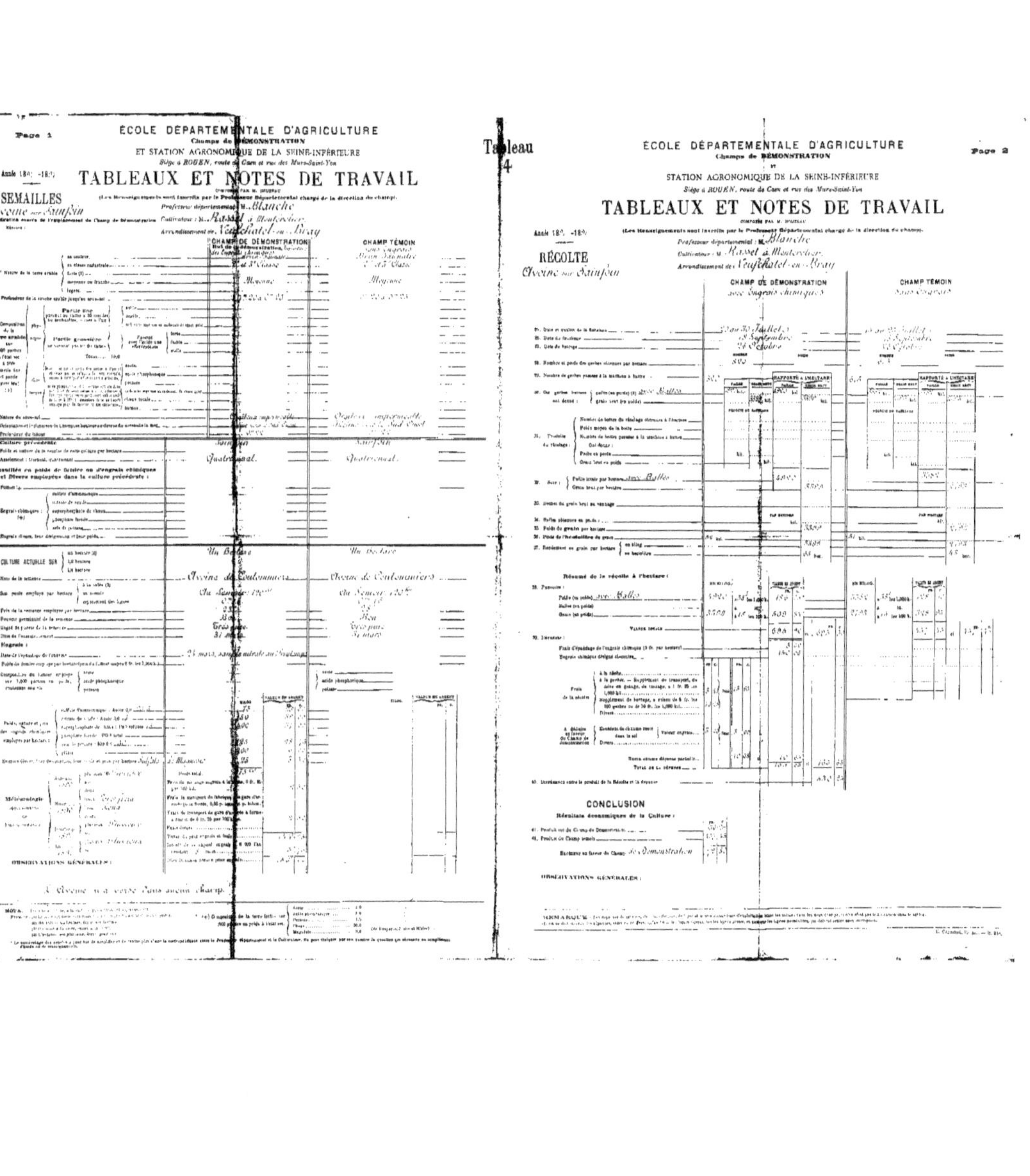
Page 1
ÉCOLE DÉPARTEMENTALE D'AGRICULTURE
Champs de DÉMONSTRATION
ET STATION AGRONOMIQUE DE LA SEINE-INFÉRIEURE
Siège à ROUEN, route de Caen et rue des Murs-Saint-Yon
TABLEAUX ET NOTES DE TRAVAIL
(Les Renseignements sont inscrits par le Professeur Départemental chargé de la direction du champ).
Professeur départemental : M. Blanche
Cultivateur : M. Rassel à Montrevilier
Arrondissement de Neufchâtel-en-Bray
SEMAILLES
CHAMP DE DÉMONSTRATION
CHAMP TÉMOIN
Tableau 4
Page 2
ÉCOLE DÉPARTEMENTALE D'AGRICULTURE
Champs de DÉMONSTRATION
et
STATION AGRONOMIQUE DE LA SEINE-INFÉRIEURE
Siège à ROUEN, route de Caen et rue des Murs-Saint-Yon
TABLEAUX ET NOTES DE TRAVAIL
(Les Renseignements sont inscrits par le Professeur Départemental chargé de la direction du champ).
Professeur départemental : M. Blanche
Cultivateur : M. Rassel à Montrevilier
Arrondissement de Neufchâtel-en-Bray
RÉCOLTE
CHAMP DE DÉMONSTRATION
avec Engrais chimiques
CHAMP TÉMOIN
CONCLUSION
OBSERVATIONS GÉNÉRALES :